孩子看的编程启蒙书 第2辑

❹ 编程真有趣

[日] 松田孝 / 著　丁丁虫 / 译

青岛出版社
QINGDAO PUBLISHING HOUSE

通过 编程，表现你的创意！

这本书介绍了一种当下十分流行的微型计算机，名叫 micro:bit。它虽然只有巴掌大小，但可以做很多事情。一起学习编写程序，用它来玩游戏吧！

阅读这本书，你将学习使用 micro:bit，并且了解一些计算机的基础知识。

目 录

走，出发去寻宝！

寻宝行动

今天，同学们将自由分组，寻找藏在学校里的宝物。

寻宝行动

学校里藏着 30 个装有宝物的箱子，一起把它们找出来吧！

装宝物的箱子

宝物

限时30分钟！

给计算机编程，就可以用它寻找宝物！

可以捕捉宝物发出的信号！

给寻宝用的计算机 **编程**，把它戴在手腕上，出发去搜寻宝物吧！

啊！

计算机上的灯亮了！宝物应该就在附近吧？

哇——！

亮的灯越来越多了！

8

编程 成功！
顺利找到宝物了。

那么，是怎样给它们 **编程** 的呢？

首先，给充当宝物的计算机
编程，让它不断发出无线信号。

充当宝物
的计算机

决定无线信
号的强度。

当开机时

无线设置组 10

无线设置发射功率 3

无限循环

无线发送字符串 "a"

接上电池盒，放进箱子里。

决定无线信号的
发送方式。

就算装在箱子里，
也能不断发出无线
信号！

在电脑上编写相关程序，导入寻宝用的计算机中。

寻宝用的计算机

编程的界面

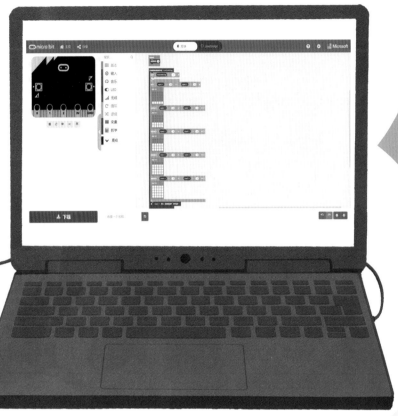

装上腕带。

装上纽扣电池。

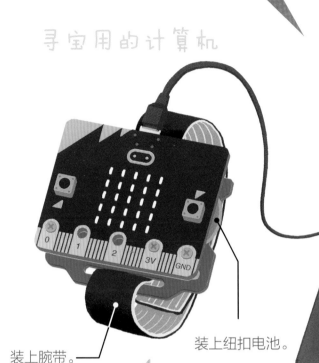

无线信号有多强，就会亮多少排灯。

给寻宝用的计算机编写程序，一旦它接收到无线信号，就会亮灯。亮灯的数量会随着无线信号的强弱而变化，这样就能知道自己离宝物还有多远了！

拿着找到的计算机回教室。

大家一起想想看，还能用 micro:bit 做哪些有趣的东西呢？

我想做个"挥棒计数器"！
每挥一次球棒，灯光显示的
数字就会加 1。

15

还能想出什么点子呢？

微型计算机

认识 micro:bit

micro:bit 诞生于英国，在它小小的身体上，装有开关按钮、LED（发光二极管）、天线、传感器等，人们可以给它编程，指挥它行动。让我们来认识一下它吧！

micro:bit 简介

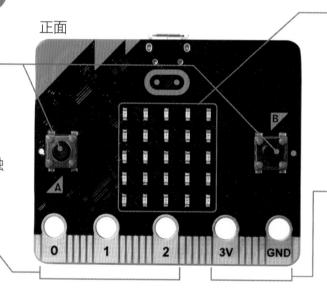

正面

LED、光线传感器
装有 25 个 LED，能发出红光；光线传感器能检测周围环境的亮度。

开关按钮
有 A 和 B 两个可编程按钮。

输入 / 输出引脚
可以连接音箱，或者当作触摸传感器使用。

※ 引脚：电路末端的部件。

电源引脚、接地引脚
从这里接入电源，给计算机提供电力。

USB 端口
通过这个端口连接电脑。

状态指示灯
写入数据时会发光。

重置按钮
重启执行中的程序。

蓝牙天线
可以与附近的计算机进行无线通信。

背面

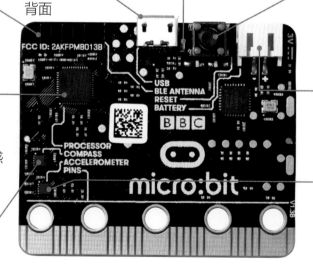

电池盒接口
连接电池盒。

中央处理器、温度传感器
中央处理器是计算机的大脑，是执行程序的地方；温度传感器能够检测周围环境的温度。

倾角传感器
用于检测运动速度和倾斜角度。

地磁传感器
可以作为指南针或金属探测器使用，用于检测方位等。

micro:bit 能做的事

检测亮度和温度

编写相关程序，使用光线传感器和温度传感器，可以让 micro:bit 在变暗的时候亮灯，在周围温度超过 0℃时发出声音。

显示各种图案

LED 可以显示数字、字母，以及爱心、笑脸等各种图案。当字符超过 2 个时，可以横向滚动显示。

检测运动情况

编写程序，使用倾角传感器，可以使 micro:bit 在摇晃时显示文字和图案、测量物体的运动速度等。

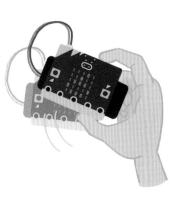

用无线信号进行通讯

只要相距 20 米之内，micro:bit 之间都可以进行无线通讯。LED 的亮度也可以根据无线信号的强度而变化。

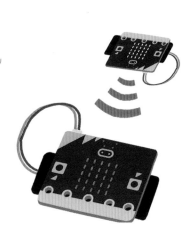

micro:bit 的使用方法

将它与电脑连接起来。在网页或专用软件里把各种方块组合在一起，编写程序，就可以在示意画面上观察到 LED 点亮后的结果。将编写好的程序保存下来，便能指挥自己的 micro:bit 行动了！

※micro:bit 操作软件有多种版本，皆支持简体中文。

几种简单的 micro:bit 编程操作

LED 名片

把自己名字的拼音用 LED 显示出来。比如"后藤"，可以让"HOUTENG"7 个字母，从右向左滚动显示。

把"显示字符串"的方块拖进"无限循环"的方块里，在里面输入自己名字的拼音。

> 这是我的名字！

游戏骰子

每次晃动 micro:bit，都会亮起 1 到 6 中的某个数字。可以用它充当骰子，玩游戏。

把"显示数字"的方块拖进"当振动"的方块里，设置骰子数为"选取随机数，范围为 1 至 6"。

使用"当振动"的方块，随机显示 3 种手势图案。

猜拳游戏

每次晃动 micro:bit，就会亮起"剪刀""石头""布"中的某个图案。编写这样的程序，就可以和朋友玩猜拳了！

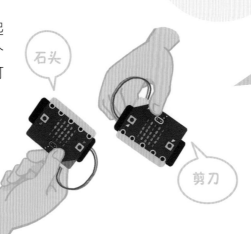

> 石头

> 剪刀

> 石头

> 剪刀

> 布

挥棒计数器

把挥舞球棒的次数用LED显示出来。戴上腕带，就可以做成计算次数的计数器。

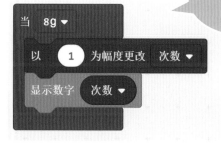

把"当振动"方块的"振动"部分换成"8g"，每次挥动时，使显示的数字加1。

> 8g 表示 8 倍的重力加速度。

> 要想计算更多的次数，该怎么编程呢？

> 当达到 100 次的时候，能不能显示笑脸图案呢？

音乐盒

把 micro:bit 固定在盒盖内侧，连上音箱，编写程序，只要一打开盒子，就会自动播放音乐。

当 micro:bit 的倾斜角度大于 30 度时，播放 1 次歌曲，同时亮起爱心图案。

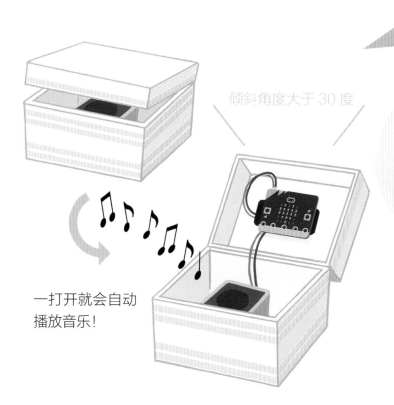

倾斜角度大于 30 度

一打开就会自动播放音乐!

> "当打开盒盖，周围变亮时播放音乐"……能不能编写这样的程序呢？

计算机的内部结构

本书介绍的 micro:bit 是一种简单的小型计算机，我们生活中常见的电脑、智能手机等是较为复杂的计算机。它们的内部结构是什么样的呢？

笔记本电脑

这种电脑的显示器、键盘、电池等硬件与计算机本身合为一体，携带方便。

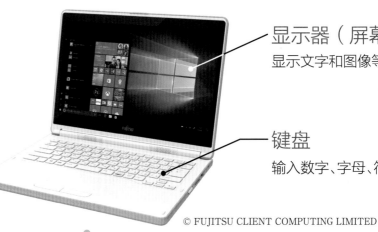

显示器（屏幕）
显示文字和图像等。

键盘
输入数字、字母、符号等。

© FUJITSU CLIENT COMPUTING LIMITED

键盘下面
是这样的！

在计算机内部、指挥其运行的程序叫作"软件"，看得见、摸得着的各种设备零部件叫作"硬件"。

CPU
又叫"中央处理器"，是计算机的大脑，执行计算的地方。

内存
是计算机临时存放程序和工作数据的地方。

CPU 风扇
CPU 是计算机内部温度最高的地方，为了给这里降温，需要用风扇送风。

存储设备
计算机存储数据的地方。

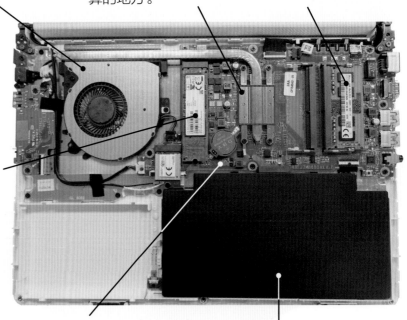

主板
这是一块电路板，上面搭载着计算机的核心部件。

电池
为计算机正常运行提供电力。

智能手机

这种手机有独立的 CPU，可以连接网络，做许许多多的事情。

©FUJITSU CONNECTED TECHNOLOGIES LIMITED

显示屏
带有传感器，可以用手指触摸操作。

显示屏下面是这样的！

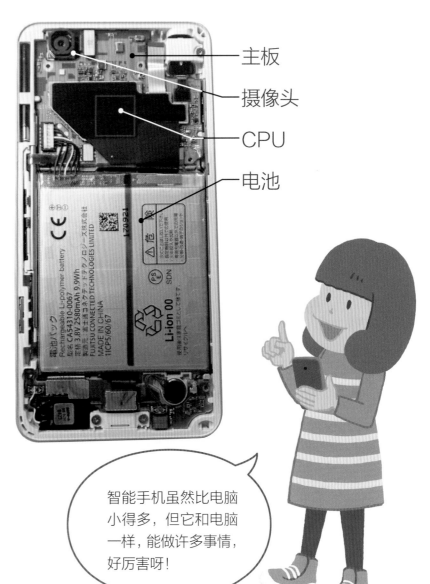

主板
摄像头
CPU
电池

智能手机虽然比电脑小得多，但它和电脑一样，能做许多事情，好厉害呀！

单片机

在一块电路板上搭载 CPU 和其他必要部件的微型计算机。

IchigoJam

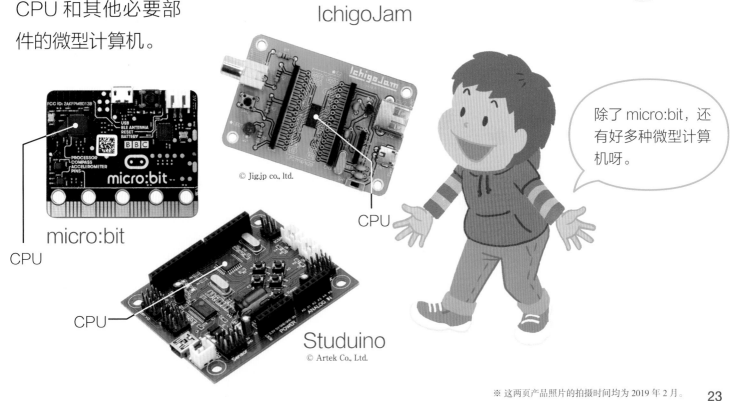

micro:bit

CPU

© Jig.jp co., ltd.

CPU

CPU

Studuino
© Artek Co., Ltd.

除了 micro:bit，还有好多种微型计算机呀。

知识点拨
计算机的语言文字

本书中介绍的编程方法，是将文字和数字方块组合在一起。但事实上，计算机真正能够理解的语言，只有"0"和"1"两个数字！所以，输入的信息全都要先转换成"0"和"1"，然后才能进行计算。

开关的"开"和"关"

在 CPU 中，有许多叫作"晶体管"的小开关。开关打开的时候是"1"，关闭的时候是"0"。计算机将这些"0"和"1"组合在一起执行程序，进行各种计算。

现在的 CPU 中可以装载数十亿个晶体管呢！

※ 这是2019年的技术，据说很快就会超过100亿个。

CPU

关

开

因为计算机用"开"和"关"代替语言，所以只有两个数字！

我还以为计算机的语言很复杂呢……

数字的表现形式

我们会……

0	·············			0
1	·············			1
2	·············		1	0
3	·············		1	1
4	·········	1	0	0
5	·········	1	0	1
6	·········	1	1	0
7	·········	1	1	1
8	···	1	0	0	0
9	···	1	0	0	1
10	··	1	0	1	0

计算机会……

编程时用到的文字和图像全都会转换成0和1这两个数字。

人类会使用各种各样的语言符号，比如数字、字母等。

图像的显示方式

0	1	0	1	0
1	1	1	1	1
1	1	1	1	1
0	1	1	1	0
0	0	1	0	0

把白色的光点看成"0"，红色的光点看成"1"，就可以使用"0"和"1"来表现各种各样的图像。

显示器上的光点越细小，图像就会显得越清晰！

在让 micro:bit 亮灯时，也是将指令转换成0和1来执行的。

25

计算机的通信环境

物联网不断发展，我们身边的很多东西都能和计算机连接在一起。随着通信环境的升级，计算机应用的可能性将不断扩展。

实时观看
比赛情况

Wi-Fi

无线网络是家里常用的无线通信方式，它可以连接扫地机器人、空调等物联网家电。能通过连接 Wi-Fi 做的事情，正变得越来越多。

物联网家电

5G 和 LPWAN 都是新一代移动通信技术。

Bluetooth

蓝牙能连接智能手机和电脑等设备，方便人们在近距离内交换数据。

蓝牙耳机

体育场

5G

在 5G 网络通信环境中，设备之间即使距离再远，也能几乎没有延迟地传输数据，这是进行自动驾驶、远程手术、实况直播的基础。

LPWAN

低功率广域网络能在耗电较少的情况下，把数据传输到很远的地方。在它的支持下，人们可以通过智能监控管理健康状况。

智能手表

图书在版编目（CIP）数据

孩子看的编程启蒙书 . 第 2 辑 . 4, 编程真有趣 /（日）
松田孝著；丁丁虫译 . —青岛 : 青岛出版社 , 2019.10
　　ISBN 978-7-5552-8498-7

　　Ⅰ . ①孩… Ⅱ . ①松… ②丁… Ⅲ . ①程序设计—儿童
读物 Ⅳ . ① TP311.1-49

中国版本图书馆 CIP 数据核字（2019）第 176801 号

Supervised by Takashi Matsuda

Designed by Maiko Takanohashi

Illustrated by Etsuko Ueda

Produced by Yoko Uchino(WILL)/Ari Sasaki

Special Cooperation by Maki Komuro(Switch Education)

山东省版权局著作权合同登记号　图字：15-2019-137 号

书　　名	孩子看的编程启蒙书（第 2 辑④）：编程真有趣
著　　者	［日］松田孝
译　　者	丁丁虫
出版发行	青岛出版社
社　　址	青岛市海尔路 182 号（266061）
本社网址	http://www.qdpub.com
团购电话	18661937021 （0532）68068797
责任编辑	刘倩倩
封面设计	桃　子
照　　排	青岛佳文文化传播有限公司
印　　刷	青岛名扬数码印刷有限责任公司
出版日期	2019 年 10 月第 1 版　2019 年 11 月第 2 次印刷
开　　本	16 开（889mm×1194mm）
印　　张	8
字　　数	87.5 千
书　　号	ISBN 978-7- 5552-8498-7
定　　价	98.00 元（全 4 册）

编校印装质量、盗版监督服务电话　4006532017　0532-68068638